LA
CUISINE
RENVERSÉE,
OU
LE NOUVEAU
MÉNAGE.

Par la Famille du Professeur d'architecture rurale.

Nous ne sommes pas bons Cuisiniers,
mais comme les bonnes gens qui
indiquent aux voyageurs la nouvelle
route pour ne pas s'égarer.

Par la Famille COINTERA

A LYON,

De l'Imprimerie de BALLANCHE
et BARRET, aux halles de la Gre-
nette. An 4.ᵉ

PRIX

Des Ouvrages du Professeur d'architecture rurale.

TRAITÉ du nouveau Pisé, qui comprend l'art de faire des piliers, des colonnes, des pilastres, même des voûtes avec la terre seule ; cinq cahiers *in-8.º* avec beaucoup de gravures, pour les prix en numéraire ou en assignats au cours ci-après :   *numéraire.*

Brochés . . . . 8 l.

Cartonnés 9

Reliés 10

Le Chauffage économique, *in-4.º*, avec trois gravures . . . . 2 l.

L'Economie dès ménages, cahier plus volumineux, *in-4.º*, avec deux gravures 3

La Ferme, *ou* Mémoire qui a remporté le prix ; cahier *in-4.º*, avec une gravure   1   10

La Distribution des bâtimens de Pisé, cahier *in-4.º*, avec six gravures, 3

L'Arithmétique républicaine *ou* le Calcul décimal, cahier *in-8.º*, avec des tables bien correctes en forme de Barême   2   5

A 2

numéraire.

La Méthode familière pour apprendre en peu de temps les nouveaux poids et mesures, cahier *in-8.°*, avec une gravure . . . . 1 l.

La Cuisine renversée, *ou* le Nouveau Ménage, cahier *in-18* . . . 10 s.

Nota. L'Auteur ne se charge pas du port: chacun sait qu'il ne le payera pas plus cher que lui, y ayant un tarif des ports de la poste et de la messagerie.

Le citoyen COINTERAUX prévient ceux qui désireront les modèles d'outils du nouveau et de l'ancien pisé, que le prix de ces outils avec la boîte pour les contenir, est de 6 francs. Pour ceux qui ne voudront pas ces modèles d'outils, et cependant qui désireront goûter le nouveau vermicelle de pommes de terre, on leur en enverra une livre, ou plus ou moins, dans une boîte qui contiendra aussi les cahiers qu'ils demanderont : le prix de ce vermicelle est seulement de 10 sous.

On fera promptement chaque envoi, lors même que l'on ne demanderait que le moindre des articles ci-dessus : il faut affranchir l'argent et les lettres, en les adressant,

Au citoyen COINTERAUX, *Professeur d'architecture rurale, rue Buisson, N.° 15, à Lyon.*

AVERTISSEMENT.

On vient de publier divers petits ouvrages sur les économies que l'on peut faire dans les ménages ; mais l'on ne s'est servi que de vieilles méthodes, tirées des livres intitulés : *le Cuisinier bourgeois* ou *la Cuisinière bourgeoise* : il est vrai que l'on a ajouté à ces vieux et antiques apprêts quelques moyens d'accommoder les pommes de terre ; ils ne suffisent pas pour tirer le plus grand parti de cette denrée, c'est ce que l'on reconnaîtra bientôt.

L'instruction que je présente à

A 3

toutes les ménagères , ne contient
que de nouvelles méthodes : j'ai
cru devoir leur éviter le désa-
grément de leur remettre sous les
yeux ce qu'elles savent déjà ; j'ai
mieux aimé leur procurer du plaisir
et de l'utilité , en leur montrant ce
qui se pratique journellement dans
ma nouvelle cuisine : et comme
l'expérience est un grand maître ,
chaque famille aura la satisfaction
de ne rien hasarder , puisque je
n'avance rien qu'après l'avoir éprouvé chez moi.

Cet Ouvrage sera divisé en plusieurs cahiers et formera une petite
collection domestique : les pères

la mettront entre les mains de leurs fils ; les mères la feront étudier à leurs filles. Il y sera traité de l'art de faire le feu ; de celui d'économiser le bois et les charbons ; des véritables moyens pour empêcher la fumée des appartemens ; de la construction des nouvelles cheminées ; de divers apprêts de cuisine que chacun pourra inventer d'après ceux que j'ai inventés moi-même, etc.

Comme cet enseignement doit ménager la bourse sans nuire à la bonne chère , j'ai lieu de croire que le public me saura gré du soin que je prends toujours pour son bien-être. Les pères et les mères s'empresseront de m'aider, en disant à leurs voisins, même à leurs plus intimes amis, que ces cahiers ne se prêtent point, mais qu'ils s'achètent; alors on ne fera pas tort à l'Auteur, et on lui fournira les moyens de continuer et de fournir la suite de ces économies et de ces jouissances si désirables.

LA CUISINE

RENVERSÉE,

ou LE NOUVEAU MÉNAGE.

Des Pommes de terre.

LA pomme de terre n'est pas un fruit, mais une denrée dépendante de la classe des hortolages : il reste donc l'embarras de distinguer la pomme fruit d'avec la pomme hortolage. La première croît hors de terre et en plein air ; la dernière croît sous terre, et presque sans air. Pour pouvoir s'entendre, il conviendrait encore de nommer la pomme fruit, *Pomme à pepins* ; et l'autre pomme, *Pomme de terre* . ou *Pomme sans pepins* (*).

Jamais denrée n'a été plus utile : de tous les hortolages, on peut dire que celui-ci est le plus essentiel. En effet, les raves, les navets, les cardons, les artichauts, les asperges, les choux, les carottes, les potirons, et autres hortolages, sont sans doute bien utiles dans les ménages ; mais il s'en faut de beaucoup qu'ils le soient autant que les pommes de terre : celles-ci surpassent en bonté les légumes. S'il est facile d'obtenir d'abondantes récoltes avec les pois, les haricots, les fèves, il est également aisé de multiplier les pommes de terre ; et c'est cette multiplication si facile

---

(*) Pour éviter cette équivoque, je suis déjà entré dans quelques détails sur le nom que l'on doit donner à cette denrée, et sur le rang qu'elle doit avoir parmi les végétaux. (*Voyez* mon *Journal d'Agriculture et des Arts*, n.º 4, page 10 et suivantes.)

qui les rend encore plus précieuses : avec cette denrée , on procure donc l'abondance dans un pays , par conséquent la nourriture à bon marché , ce qui est la base de l'économie dont on a tant besoin pour chaque ménage.

Tout le monde sait à présent que l'on peut accommoder de plusieurs manières les pommes de terre , mais on ignore la quantité de nouveaux mets que l'on peut fournir à chaque ménage. Bien d'habiles cuisiniers vont grandement être étonnés de cette vérité , par le seul apperçu que je vais leur mettre sous les yeux.

Des différentes manières de manger les Pommes de terre.

Ma famille mange les pommes de terre en soupe , en ragoût , en fricassée ou friture ; elle en fait des pâtés , des tourtes , des crêmes ; elle en fabrique des vermicelles , des macarons, des taillerins ; elle en fait encore des purées, et s'en sert dans plusieurs assaisonnemens ; elle en met sous les rôtis, dans les sauces ; enfin mes enfans en font sécher des tranches qui vont nous être d'un grand secours pour l'été prochain.

Les pommes de terre, indépendamment de la nourriture solide que l'on prend au dîner et au souper, peuvent servir pour les déjeûners, les goûters, et pour tous les petits galas que l'on peut faire entre les repas avec des amis et chez les parens. Nous avons même éprouvé qu'il est possible de faire avec cet hortolage de meilleures friandises qu'avec les farines de quelque nature qu'elles soient. On en fait des bugnes, des gâteaux, des tartelettes, des beignets, des croquantes, des gauffres, des crêpes, etc.; on en fait également de bonnes boissons, comme de la tisane douce, etc.

Voilà en abrégé le parti que l'on peut tirer des pommes de terre. Que l'on juge maintenant du service qu'elles peuvent rendre au genre humain, et que l'on convienne de la nécessité de multiplier ce végétal incomparable dans tous les territoires de la France, même de l'univers entier.

Je dois observer maintenant que l'on ne fait pas la cuisine chez moi comme dans les autres ménages. Depuis six ans, mon épouse fait rôtir, bouillir et cuire le pain, au moyen d'une chaleur concentrée : l'on conçoit que nous ne nous servons plus de cheminée ; c'est un poêle ou un foyer économique de mon invention, qui m'a valu une récompense nationale ; et c'est dans ce foyer que nous faisons cuire les pommes de terre avec leurs différens apprêts ; enfin, c'est encore avec ce même foyer que nous faisons sécher le vermicelle, les macarons et taillerins de pommes de terre.

Des nouvelles méthodes de préparer et d'apprêter les Pommes de terre.

Sans doute la meilleure manière de préparer les pommes de terre, est de les réduire en vermicelle : jusqu'à présent on s'est contenté, après les avoir fait cuire, ou de les broyer, ou de les passer sous le rouleau, ou enfin de les piler. Nous avons l'expérience que ces procédés sont insuffisans ; car malgré la fatigue et la patience que l'on a pour bien broyer, piler ou presser, il reste toujours des grumeaux ou duretés dans la pâte ou pulpe, ce qui nuit à la qualité du mets que l'on veut faire : c'est pour éviter ce défaut que j'ai recouru au service d'une presse, avec laquelle je fais faire toutes les préparations de cet hortolage.

Un ouvrage, anciennement publié, et dont une nouvelle édition a paru

il y a vingt-cinq ans, rapporte l'article
suivant : « Pour faire des filets ou
» vermicelles avec les pommes de
» terre, on fait bouillir les pommes
» de terre, on les pèle, on les broie,
» ou on les met en bouillie ; on en
» remplit un cylindre de fer-blanc,
» qui a une de ses extrémités percée
» de plusieurs trous ; on presse cette
» pâte ou bouillie avec un piston ; et
» de cette manière, elle se file et se
» forme en une espèce de filets, qu'on
» fait sécher, et qui se conservent
» plusieurs années. On les cuit avec
» du lait, et on en fait une bouillie
» aussi bonne que le riz ou les gruaux
» d'avoine. »

L'on voit que je n'ai que perfec-
tionné cette invention ; et tout le
monde sait que le perfectionnement
est le plus profitable au public. Ma
presse posée dans mon appartement
au second étage, rue Buisson, N.° 15,

expédie infiniment l'ouvrage et sans effort ; mes filles la font mouvoir. Il est donc bien avantageux pour la Nation que le sexe puisse entreprendre cette petite fabrique , et que toutes les mères de famille puissent, dans leur ménage , se servir d'une presse. Cet outil est infiniment essentiel ; il devrait être mis au rang des ustenciles de cuisine ; alors les cuisinières abrègeraient bien des travaux ; elles se serviraient de cette presse , non seulement pour les pommes de terre, mais encore pour les fèves, les pois , les haricots , les lentilles ; et l'on sait l'embarras qu'elles ont pour faire ces sortes de purées. Qu'on ajoute l'agrément qu'elles auraient pour presser les épinards , même la viande crue pour la mortifier , au lieu de la battre , et sur-tout pour tirer le jus de la viande cuite ; en un mot, pour presser toutes les plantes et fruits dont on voudra extraire le suc.

Voilà donc un foyer et une presse qui manquent à toutes les bonnes ménagères : l'on va voir si j'ai lieu de les inviter à se les procurer.

Dès le matin un de mes enfans allume le foyer ; et le bois , brûlant pendant l'espace d'une heure et demie, l'échauffe assez jusqu'au lendemain. Aussitôt qu'il n'y a plus sur l'âtre de flamme ni de fumée , on repousse au fond du foyer toute la braise ; et après avoir fermé les soupapes , c'est-à-dire , avoir enfermé la chaleur dans le corps du foyer, on y introduit trois ou quatre marmites : les unes contiennent le bouilli, de l'eau pour laver la vaisselle ; les autres contiennent des pommes de terre ; et le tout cuit par le seul effet de la chaleur.

Mes enfans pèlent les pommes de terre quand elles sont cuites , les concassent , et les mettent de suite à la presse. Cette presse consiste simplement en une vis et un gros morceau de bois que j'ai fait percer, et au fond du trou j'y ai fait mettre une plaque de cuivre percée de mille trous.

Rien n'est plus agréable que de voir travailler ces jeunes filles : elles font tous les matins gémir la presse ; et la pâte ou pulpe de pommes de terre qu'elles font sortir en vermicelle à travers la plaque de cuivre percée, tombe sur des bateaux de papier : ainsi un des enfans tourne la vis ; un autre glisse les bateaux de papier, et les retire pour les donner à d'autres enfans qui sont là pour les transporter loin de la presse.

Quand toute la pressée est faite, mes cinq filles se mettent à égaliser le vermicelle sur les bateaux de papier, et les placent ensuite sur un étendage de petits bois ou baguettes que nous avons fait au dessus de mon foyer économique : c'est sur cet étendage que le vermicelle sèche. L'on apperçoit que cette dessication ne coûte absolument rien , puisque la chaleur de mon foyer n'existe que pour faire cuire notre nourriture et pour nous chauffer. Il convient donc à chaque ménage où l'on fera construire mon foyer économique , de profiter de sa chaleur pour faire sécher des pommes de terre , ou toute autre denrée.

Indépendamment de cet avantage , le foyer et la presse nous en procurent quantité d'autres. D'abord mon épouse voit l'apprêt qu'elle veut faire pour la nourriture de sa famille ; alors elle envoie un plat que l'on met sous la presse pour y faire tomber du vermicelle. Cette provision lui sert chaque jour de différentes manières.

Comme le pain est rare , et qu'une nombreuse famille comme la mienne

en consomme beaucoup, mon épouse
a l'adresse de le supprimer de la soupe;
ainsi, au lieu de pain, elle se sert
du vermicelle frais pour faire sa soupe,
et jamais on n'en a mangé de meilleure : c'est ce que je puis assurer à
mes chers contemporains. Comment
cette soupe ne serait-elle pas succulente ? C'est une purée parfaite de
pommes de terre, pour avoir passé de
force dans les petits trous de la plaque
de cuivre dont j'ai parlé, et il ne faut
qu'un moment pour arriver à cette
perfection ; car deux ou trois tours
que l'on fait faire à la vis, sont plus
que suffisans pour procurer un grand
plat plein de vermicelle.

Nouveaux potages, ou Soupes de pommes de terre.

Nous employons pour neuf personnes que j'ai à nourrir, quatre livres

et demie de vermicelle frais, et chacun de nous se trouve avoir une pleine assiette de soupe, capable de satisfaire le plus grand appétit (*)

Soupes au gras.

On jette dans du bouillon les quatre livres et demie de vermicelle, et l'on fait bouillir, pendant une demi-heure, cette soupe dans mon foyer économique. Voilà le seul apprêt pour faire une soupe la plus succulente comme la plus saine.

(*) Quand nous faisons une soupe avec du pain, il nous en faut deux livres, lesquelles, à 4 sous, valent 8 sous; et les quatre livres et demie de vermicelle frais de pommes de terre, ne nous reviennent au plus, calcul fait, qu'à 5 sous : voilà donc plus d'un tiers de moins que coûte cette nouvelle soupe; mais comme elle est plus abondante que la soupe de pain, on mange moins d'autre chose, ce qui est une économie de plus.

Avec la même quantité de vermicelle que l'on met dans de l'eau pure, on ajoute de la graisse de rôti ; mais ici l'on sale, et l'on a encore une soupe excellente et très-nourrissante.

. Veut - on varier cette soupe ? on met dans de l'eau du petit salé, et si l'on en manque, on le remplace par le lard ; il en résulte deux avantages, celui de faire cuire, sans qu'il en coûte rien, le petit salé ou le lard, et celui de manger une soupe d'un goût piquant et exquis.

Il est inutile de rappeler aux bonnes cuisinières qu'indépendamment de toutes espèces de graisses dont elles peuvent se servir pour faire cette soupe, elles ont encore la ressource d'y ajouter des choux, des carottes, et sur-tout des poireaux, même une gousse d'ail ; mais ce qu'il est bien important aux ménagères de savoir, c'est qu'elles peuvent faire d'excellentes soupes avec le vermicelle dont je parle , en le détrempant par du bouillon falé : par exemple , que l'on fasse cuire un jambon, la grande quantité d'eau nécessaire à sa cuisson peut servir plusieurs jours de suite à faire de très-bonnes soupes de pommes de terre : il est certain que les habitans de la campagne peuvent également économiser, car l'eau qui leur sert pour faire cuire les viandes salées , soit de cochon, soit de bœuf, vache ou autres, fournira ensuite un bon assaisonnement tout préparé pour employer les pommes de terre en soupe , même en ragoût.

Soupes au maigre.

Les soupes au maigre se font, comme l'on sait, de deux manières, avec du beurre , ou avec du lait.

Les soupes au beurre peuvent se

faire avec du vermicelle frais, mêlé avec des légumes, et voici comment.

Mon épouse commence par faire cuire, par exemple, des haricots, et en ôte environ les trois quarts quand ils sont cuits ; le reste qui est au fond du pot ou de la marmite, avec le bouillon de ces mêmes haricots, se mélange avec environ deux livres de vermicelle de pommes de terre, et cette soupe ainsi mélangée, étant salée, beurrée, et où l'on a jeté un oignon ou des poireaux frits, se trouve avoir un goût tout particulier que les délicats recherchent. On conçoit, sans doute, que cette soupe au beurre peut se faire avec plusieurs autres mélanges d'horto-lages et d'herbages, comme elle peut se faire seulement avec du vermi-celle de pommes de terre.

Si les soupes précédentes ont cha-cune dans leur genre une saveur agréable,

agréable, celle au lait que je vais indiquer, ne leur cède en rien, même les estomacs faibles la préfèrent.

Mon épouse fait prendre deux pintes de lait qu'elle verse sur environ quatre livres de vermicelle de pommes de terre ; elle met ensuite le sel nécessaire, et sans autre façon ni embarras, elle introduit la marmite dans mon foyer économique ; là, cette soupe s'y fait à merveille sans qu'il soit besoin de la remuer continuellement, comme cela se pratique ordinairement quand on fait une soupe au lait sur le feu de la cheminée, ou sur un réchaud : que l'on juge maintenant de la commodité que l'on a avec mon foyer !

Potages ou Soupes de vermicelle sec de Pommes de terre.

Ce nouveau genre de soupe se fait tout de même que les soupes des pâtes d'Italie ; mais il n'est pas sujet aux soins ennuyeux qu'il faut avoir avec ces dernières, et qui consistent à égoutter le vermicelle d'Italie, par la crainte que l'on a qu'il se réduise en bouillie. Non : le vermicelle que je présente, se cuit tout simplement dans du bouillon gras que l'on fait chauffer, et lorsqu'il est bien chaud, on y jette pour la soupe d'une personne trois cuillerées de ce vermicelle sec, et ces trois cuillerées font à-peu-près le poids d'une once et un quart ; on remet le pot au feu, et l'on lui laisse faire encore trois ou quatre tours de bouillonnement ; puis on le retire, la soupe étant faite.

Quand on le mange , on reconnaît sous la dent les grains du vermicelle , ce qui fait un plaisir sensuel avec le bon goût qu'il se trouve avoir : ce goût ne ressemble aucunement à celui des pommes de terre ; une personne qui ne serait pas prévenue sur la qualité d'une pareille soupe , ne pourra jamais se douter qu'elle provienne des pommes de terre.

Si les potages de vermicelle frais , dont je viens d'indiquer l'apprêt , sont si agrébles à manger , ceux-ci de vermicelle sec le sont encore plus : outre le plaisir qu'ils doivent nous procurer , lorsque ces nouveaux mets seront en vogue , ils nous procureront aussi une parfaite santé , particulièrement le vermicelle sec.

Je suis d'avance assuré que les officiers de santé conseilleront aux vieillards , aux valétudinaires , aux

femmes en couche, le potage de vermicelle sec, et le leur feront prendre au gras, au maigre, et de toutes
les manières.

Le sexe qui déjeûnait avec du café,
des bavaroises, du thé, aura enfin
l'agrément de changer, en se régalant
davantage. Le vermicelle dont je
parle est délicieux, étant bouilli dans
du lait ou de la crême ; et si l'on
y ajoute du massepain pilé, de la lau-
relle avec du sucre, on peut être
certain du meilleur déjeûner que
l'on puisse faire.

Ce même vermicelle peut également remplacer le thé : j'en ai fait
réduire en poudre très - fine, après
l'avoir fait griller sur l'âtre de mon
foyer. D'ailleurs chacun peut essayer
cette boisson de plusieurs manières.
Pour y parvenir, on fait griller plus
ou moins le vermicelle, et le procédé est le même que celui du café.

On le moud dans un petit moulin ;
et la poudre qui en sort, ressemble
presque à celle du café brûlé : qui
croirait que cette poudre a plusieurs
propriétés ? 1.º on en peut faire la
soupe en forme de bouillie, dont la
couleur ressemble à celle du chocolat ; 2.º on en peut faire le thé
dont je viens de parler ; 3.º on en
peut faire des crêmes imitant en
bonté celles du chocolat ou du café ;
4.º on en peut faire encore de la
panure, ce qui épargnera encore
d'autant le pain, en l'employant dans
toutes les sauces ou ragoûts ; 5.º et
enfin on en peut faire de la pâtisserie la plus fine, des oublis, des
gauffres, etc.

Mais le vermicelle sans être moulu,
peut également se griller plus ou
moins : mes enfans ayant mis un
soir avant de se coucher plusieurs
bateaux de vermicelle dans notre

foyer ; le lendemain, il se trouve presque brûlé : nous en étions embarrassés, et nous risquâmes une soupe de neuf personnes, au hasard de la manger mauvaise ; elle avait une couleur brune ou de bistre, et annonçait une très-mauvaise qualité ; mais lorsque chacun de nous en eût goûté, il la mangea avec beaucoup de plaisir, y trouvant un goût fort agréable. Ce n'est donc pas à la couleur que l'on reconnaîtra la qualité du vermicelle de pommes de terre ; car si la couleur pouvait servir à faire le choix, je préfèrerais celle qui est jaune ou rouge foncé, à toute autre couleur.

On se rappellera que le vermicelle sort de la presse très-blanc : donc que celui qui a pris cette couleur rouge ou jaune foncé, suivant la qualité et la couleur des pommes de terre lorsqu'elles sont crues, doit être préféré , attendu que dans cet état , il est parfaitement sec , et peut se garder , selon moi , un nombre infini d'années dans un lieu sec.

Je dois espérer que le gouvernement me saura gré de ces sortes d'expériences que je viens de faire (*): elles le regardent encore plus que les particuliers , puisque les pommes de terre réduites en vermicelle peuvent nourrir les gens de mer : cette provision n'est ni volumineuse pour gêner dans un vaisseau , ni embarrassante pour son apprêt , ni sujette à la corruption : il est donc bien à

(*) Il faut bien que je m'occupe à ces nouvelles expériences , puisqu'il me manque un terrein pour établir mon école d'architecture rurale, terrein cependant qui m'a été accordé par le département et le district de Rhône où j'habite ; mais j'ai lieu d'attendre que le Directoire du pouvoir exécutif voudra bien confirmer l'avis du département et du district.

souhaiter que l'on en multiplie les fabriques dans la France, semblables à celles que je viens d'établir chez moi.

Des nouveaux mets que l'on peut faire avec les Pommes de terre.

Jusqu'ici on n'a apprêté les pommes de terre que par l'antique usage, et on ne les a servies que lorsqu'elles étaient entières ou coupées par rouelles ou tranches : je viens de découvrir une infinité de maniéres de les accommoder ; j'ai éprouvé plusieurs de ces nouvelles méthodes que je vais rapporter.

De quelques nouveaux ragoûts et entremets faits avec les Pommes de terre.

D'abord mon épouse a pris du vermicelle qu'elle a accommodé avec

une sauce rousse : ce mets était bon
et facile à digérer, ce qui n'arrive
pas lorsqu'on le mange en tranches
ou rouelles ; on en sent la raison : les
dents n'attrapent pas toutes les parties
de ces tranches, on les avale dans cet
état, et on les rend de même, ce
qui épuise l'homme. L'on apperçoit
donc combien il est intéressant pour
la santé de pouvoir manger les pommes de terre presque en marmelade :
d'ailleurs, ainsi préparées, elles sont
plus savoureuses ; les gourmets s'en
délectent, et on en mange moins.

Dans mon ménage il s'est fait plusieurs autres essais dans le genre des
ragoûts, comme celui d'accommoder
ce vermicelle frais au court-bouillon,
au lait et à la sauce blanche, et tous
ces différens mets ont été trouvés si
bons, que mes enfans et mes amis
n'ont jamais laissé aucun reste.

Poussant nos recherches plus loin,

et voulant toujours les faire tourner à la plus grande économie, mon épouse a fait des omelettes où elle a inséré beaucoup de ce vermicelle pour épargner le tiers des œufs que l'on y met ordinairement ; ces omelettes procuraient un goût frais à la bouche, tandis que les mères de famille qui y ajoutent de la farine de blé, donnent à ces sortes d'omelettes un goût pâteux fort désagréable, et qui vous chargent trop l'estomac, jusques à vous étouffer. Je ne puis quitter cet article sans ajouter que les pommes de terre contenant beaucoup d'eau, rendront les omelettes que l'on fera fort légères à l'estomac, par conséquent faciles à digérer.

Nous avons fait un autre plat tout particulier ; d'abord mon épouse a fait griller des harengs, les a hachés, et les a mêlés avec le vermicelle frais, après avoir mis poivre, sel, huile et vinaigre ; ce mets s'est trouvé excellent ; il était, faut-il le dire ? trop appétissant ; j'engage donc ceux qui feront un pareil plat de se contenir, et de n'en manger qu'avec prudence pour ne pas s'incommoder. On sent bien que ce nouvel apprêt remplace les pommes de terre que l'on coupait par tranches, et que l'on mettait à la vinaigrette, que bien des personnes nomment encore, salade de pommes de terre : je dirai encore, qu'au lieu de harengs, on peut se servir d'anchois ; ceux qui voudront dépenser moins pourront seulement y mettre des cornichons hachés bien menu. J'avouerai que cette nouvelle manière d'accommoder coûte le double que suivant l'ancien usage ; et l'on sent que des pommes réduites en pâte doivent user beaucoup d'huile ; mais, comme je viens de l'observer, on en mange moins, et on a de plus l'avan-

tage d'en pouvoir faire des rôties sur
le pain , ce qui fera bien du plaisir
aux enfans : pour les grandes personnes , je leur conseille de faire rôtir
ces tranches de pain , et d'y étendre
dessus ces pommes de terre en pâte ;
de remettre un moment sur le feu ces
tranches , et je leur réponds qu'elles
feront un déjeûner excellent.

Des pâtés , des gâteaux , des tourtes ,
tartelettes , et autres apprêts que
l'on peut faire sans farine avec
les Pommes de terre.

Le public va être grandement étonné
d'apprendre que l'on peut faire des
pâtés et toutes autres pâtisseries sans
aucune farine de quelque blé que ce
soit : pour ma famille , elle a tâtonné ,
et au commencement de ses essais ,
elle ajoutait de la farine à la pulpe
des pommes de terre; mais enfin , elle
en a reconnu l'inutilité ; et depuis ,
tous

tous les pâtés qui se font et se mangent chez moi ne contiennent absolument aucune farine.

Nous avons commencé par un gâteau de ce genre, en prenant du vermicelle sortant de la presse, le broyant entre les doigts, et l'écrasant sur un plat aussi mince qu'une omelette ; puis le mettant cuire dans mon foyer et le retirant un quart-d'heure après, le gâteau auquel on n'avait rien fait que de le saler, était cependant mangeable, et mes enfans le trouvaient bon ; il avait une très-belle apparence, était d'une couleur dorée et beaucoup plus belle que les gâteaux faits par le meilleur pâtissier ; mais cette beauté charmante qui excitait le désir avec l'envie, ne provenait point d'aucun secret ni d'aucun art ; c'était la nature elle-même qui avait produit cette couleur si belle ; et l'on sait que tous les gâteaux, pâtés et autres ne portent sur

C

leurs couvertures cette couleur jau-
nâtre , qu'autant qu'on les a peints
avec des jaunes d'œufs.

La pulpe des pommes de terre porte
donc avec elle cette robe éclatante
de couleur de feu , lorfqu'elle est
cuite : je dois faire remarquer ici la
singularité et la différence des cou-
leurs successives que prend le vermicelle des pommes de terre. Nous
faisons cuire une marmitée de pommes de terre ; dès qu'on les a pelées ,
on y reconnaît un peu plus de blan-
cheur ; si on les broie , elles devien-
nent encore plus blanches , et c'est
ce qui nous arrive après que nous les
avons fait passer à la presse. En effet ,
le vermicelle est d'une grande blan-
cheur à l'instant qu'il est fait : posé
sur les étendages , il commence à
jaunir, et mes enfans ne reconnaissent
quand il est parfaitement sec , que
lorfqu'il a acquis cette belle couleur
dorée dont j'ai parlé.

Il n'en est pas de même de la fécule des pommes de terre ; plus elle sèche, plus elle devient d'un beau blanc ; mais aussi le déchet est considérable, et il ne reste que ce que l'on appelle la fleur de la farine, c'est-à-dire la fleur de la fécule. Sans doute cette fécule est bonne à manger comme l'est la farine fine ; mais je trouve que le vermicelle est meilleur, quoiqu'il contienne, avec toute la fécule, une partie grossière de la pulpe des pommes de terre. Eh ! ne sait-on pas que le pain fait avec la farine fine, n'a pas si bon goût que celui qui est fait avec la même farine fine, mais dans laquelle se trouve un peu de la partie grossière de cette même farine ? Je n'étendrai pas plus loin mon raisonnement ; chacun sentira mieux cette propriété que je ne saurais l'expliquer.

Ce premier gâteau fait si habilement , n'est-il pas ressemblant aux *crêpes* , que l'on nomme encore dans certaines villes *matefains* , et dans la campagne *pataflans* (*) , ou de tous autres noms vulgaires ? On peut donc se dispenser dans les ménages de faire des crêpes, matefains ou pataflans avec la farine froment , méteil , où sarrasin , et employer dorénavant , pour cette grossière friandise , qui renferme cependant une économie , la pulpe des pommes de terre.

Je dois avertir que cette pulpe augmente de bonté quand on y met des matières étrangères , ainsi que des assaisonnemens : elle est de plus susceptible de prendre le goût que l'on

---

(*) Voyez ma nouvelle manière d'éteindre les incendies, à la fin de ma collection sur le nouveau Pisé que j'ai inventé. (Voyez aussi le prix de cette collection marqué au commencement de ce petit livre.)

désire ; enfin , plus on dépense avec les pommes de terre, plus on obtient des mets délicats.

Comme jamais je n'ai trompé le public, je dois le prévenir que ce n'est pas toujours une économie de faire usage des pommes de terre ; elles sont gourmandes et boivent beaucoup de beurre, d'huile ou de graisse : mais cet extrême a ses limites ; il est mille occasions où l'on peut, avec bien de l'économie, se servir de cette précieuse denrée. Les essais que nous avons faits et qui vont suivre, indiqueront aux ménagères le choix qu'elles doivent faire.

Pour faire un autre gâteau un peu meilleur, nous avons ajouté au sel, du beurre avec du poivre, et il a acquis une bonne qualité. Une autre fois, ayant encore ajouté du lait, le gâteau s'est trouvé plus délicat. Enfin, nous avons mis des œufs, et pour le coup le gâteau avait un goût exquis. Nous avons ensuite converti le gâteau en tartelettes, en y insérant des pruneaux, des brignoles et des raisins, le tout sec : en vérité cette nouvelle pâtisserie était, au goût, on ne peut plus agréable, quoiqu'il n'y soit entré absolument aucune farine que la pulpe des pommes de terre. Mais comme nous avons avoué que nous sommes très-éloignés d'être cuisiniers, c'est donc aux ménagères à faire d'autres essais, et je ne doute pas qu'elles ne parviennent à multiplier les nouveaux mets que je leur présente.

Poussant encore nos recherches, nous avons fait des tourtes qui se sont trouvées excellentes : d'abord, nous avons commencé par les épinards, et l'on sait que l'on en fait des tourtes avec la farine, que chaque famille porte au four du boulanger ; mais, possédant un foyer où nous faisons

cuire le pain , il nous a été facile de
faire encore cet essai chez nous, sans
courir les rues (*). Cette tourte aux
épinards peut se faire au beurre ou au
lait avec la seule pulpe des pommes
de terre : il ne s'agit que de faire cuire
ces dernières , de les peler et piler
quand on manque d'une presse comme
la mienne ; de prendre ensuite la
pulpe mise en pâte , de l'étendre sur
le fond d'un plat , d'y poser les épinards cuits et assaisonnés , de faire
ensuite une couverture avec la même
pulpe en l'étendant avec un rouleau
sur une table , et de poser cette couverture sur les épinards , de la pincer

---

(*) Ceux qui désireront ce foyer, trouveront
la manière de le faire construire dans deux ouvrages que j'ai faits , pour les personnes qui sont
très-éloignées de chez moi ; ces deux ouvrages
sont intitulés , l'un, *l'Economie des ménages*;
l'autre, *le Chauffage économique*. (Voyez-en le
prix marqué au commencement de ce petit livre.)

avec la couche de pâte de dessous
pour les lier ensemble , et faire un
cordon comme l'on fait à tous les
pâtés ; ensuite, de mettre cette tourte
à mon foyer ou au four du boulanger :
l'on verra si jamais on a mangé de
meilleurs épinards, sur-tout lorsqu'on
aura eu soin, avant de les servir sur
la table , d'y couler une sauce au roux
ou une autre au lait , ce qui se fait
aisément avec un petit entonnoir que
l'on met dans le trou que l'on a percé
sur la tourte.

Cet exemple suffit sans doute à toutes
les mères de famille pour faire , avec
les pommes de terre , de pareilles
tourtes en employant les potirons ou
citrouilles , les scorsonères , ou tous
autres herbages et hortolages qu'elles
sauront bien choisir , pour faire ce
nouveau mets, et qu'elles sauront bien
étendre , en y employant encore les
gros fruits , tels que les poires d'hiver ,

les pommes , les grosses prunes ,
etc. etc.

Observation essentielle.

Pour faire la pâtisserie , il faut de
toute nécessité employer le beurre ;
autrement quel goût aurait-elle ? Eh
bien ! la pâtisserie des pommes de
terre peut se faire sans beurre , particulièrement pour les mets qui doivent
consister en denrées qui ont eu vie ,
et qui portent en elles de l'huile ou
de la graisse , tels que les poissons ,
les gros animaux de boucherie , la
volaille et le gibier.

Nous avons commencé ce genre
d'essai par accommoder une carpe
dans de la pulpe de pommes de terre ,
et l'on voit que cet essai nous a con-
duits à faire une tourte. Comme tous
les pâtissiers , nous avons laissé prendre une consistance à la pâte avant
d'y couler la sauce ; il ne s'agit donc

que de veiller la tourte dans le foyer,
lorsqu'on s'en sera procuré un comme
le mien, de la retirer pour y faire un
trou à la calotte, et d'y verser la sauce
que l'on tiendra prête ; remettre cette
tourte au foyer pour finir la cuisson,
ainsi que l'apprêt.

On conviendra certainement qu'il
est de toute inutilité d'ajouter du
beurre en pétrissant la pulpe des pommes de terre, lorsqu'on considèrera
que l'assaisonnement que l'on fait pour
apprêter la denrée que l'on veut en-
fermer dans la robe d'une tourte, doit
assaisonner en même-temps cette
robe. Je dirai plus : les pommes de
terre ne sont-elles pas bonnes à manger à la main quand elles sont cuites ?
et la farine des blés a-t-elle ce même
avantage ? Peut-on manger cette
dernière si on n'y fait pas un petit apprêt, tel que du beurre, de l'huile ou
de la graisse ? Je conclus donc que la

pâtisserie des pommes de terre est infiniment plus économique, indépendamment qu'elle sera toujours meilleure que la pâtisserie de farine à assaisonnement égal ; et je conclus de plus,
que les pauvres gens peuvent se réga-
ler, puisqu'il leur en coûtera très-
peu pour faire la pâtisserie des pommes de terre.

On peut donc faire toutes sortes de
tourtes en pilant la pulpe ; nous l'avons
éprouvé en y mettant, tantôt de la
viande de boucherie, tantôt de la volaille, et tantôt du gibier ; toutes se
sont trouvées excellentes. Mais ce
qu'il y a de particulier, c'est que les
pommes de terre prennent le goût
du mets que l'on y a inséré dedans. Si
c'est du cochon, on peut être assuré
que la croûte en aura le goût, parti-
culiérement la pâte intérieure qui
n'aura pas cuit comme la croûte.
Si c'est du gibier, les pommes de

terre prennent le goût du fumet qu'il porte ; il en est de même de toutes autres tourtes que l'on peut faire avec d'autres viandes ou poissons.

On n'ignore pas que les pommes de terre, passé leur saveur qu'elles tirent de la nature, n'ont pas ce que l'on appelle un goût vif ou piquant. Sans doute que Dieu leur a fourni cette espèce de fadeur pour laisser aux hommes le pouvoir de les accommoder de toutes les manières.

Qu'il me soit donc permis de rappeler aux plus habiles cuisiniers des moyens qui leur ont échappé.

Pour faire des tourtes fort appétissantes, nous y avons mis des poissons salés et des viandes salées, et la pomme de terre y a gagné beaucoup. Mais ce qui nous est arrivé dans le temps que nous nous y attendions le moins, est d'avoir fait une tourte qui était véritablement un manger des dieux.

Un jour je fis prendre le reste d'un rôti de côtelettes de veau, cuit de la veille ; je le posai sur une couche de pulpe de pommes de terre ; je le couvris de toute la graisse et de toute la gelée qui se trouvaient au fond du plat où ce veau avait rôti ; j'y ajoutai quelques bandes de lard minces et crues ; ensuite je fis poser la couverture de pommes de terre sur cette viande : nous introduisîmes cette tourte dans mon foyer, sans penser qu'elle fût meilleure que les autres ; mais nous en fûmes grandement dissuadés, car jamais on n'a mangé rien de meilleur : tant il est vrai que ce nouvel apprêt est susceptible d'une rare délicatesse et d'une grande économie.

En effet, a-t-on jamais pu obtenir dans les ménages autant d'économie qu'en présente cet hortolage ? On ne met pas tous les jours le pot au feu,

ni, quelque riche que l'on soit, on ne
fait pas cuire journellement des rôtis;
d'ailleurs, lorsqu'on peut multiplier
les rôtis et le pot au feu, on a alors
beaucoup plus de viande de reste : ce
sont positivement ces restes qui em-
barrassent les cuisinières; elles savent
que c'est un péchè contre l'économie
que de n'en pas profiter; mais elles
n'ont que la ressource ordinaire qui
consiste à faire réchauffer ces restes
de viande, ou en faire des ragoûts,
des fricassées, des hachis : tous ces se-
conds apprêts peuvent satisfaire une
fois, deux fois au plus; mais conti-
nués ils ennuient. C'est donc ici où
les pommes de terre seront d'un grand
secours; chaque ménagère, avec cette
denrée si commode, pourra satisfaire
le goût de sa famille sans dépenser
plus, et même moins qu'à l'ordinaire.

Nous invitons donc tout cuisinier

et cuisinière de faire des tourtes avec l'hortolage dont il s'agit, dans lesquelles ils pourront insérer les viandes de bouilli et de rôti qui ont été servies précédemment, en y ajoutant la sauce rousse, blanche, ou autre quelconque ; il est certain qu'ils amélioreront chaque mets au-delà de leur attente : ainsi les boulettes, les hachis, même les viandes fricassées, peuvent entrer dans les tourtes de pommes de terre.

On ne saurait croire combien la viande du cochon satisfait le palais et diminue les assaisonnemens empoisonneurs que les cuisiniers ont la mauvaise habitude de mettre en abondance, même de forcer dans tous les apprêts qu'ils font.

D'abord le cochon est par lui-même un assaisonnement ; et nous venons, cet hiver, d'éprouver que le cochon facilite le goût, ainsi que la digestion (*) de tout ce que l'on mange, lorsqu'on a soin de ne pas l'oublier. Maintenant, si, dans mon ménage, nous mettons le pot au feu, nous avons l'attention d'y ajouter un petit morceau de cochon frais, et encore mieux salé : si nous mettons rôtir, soit du bœuf, soit du veau, soit du mouton, nous y ajoutons de même un morceau

---

(1) Sans doute la viande de cochon fraîche ou salée est indigeste, mais ce n'est que lorsqu'on en mange trop ; et en petite quantité, elle facilite certainement la digestion : au surplus, le conseil que je donne n'engage pas à manger du cochon, il ne tend qu'à relever le goût fade des autres viandes. Le cochon est donc un précieux animal. J'ai vu qu'autrefois on n'en vendoit que dans l'hiver, et que les règlemens de police défendaient d'en tuer dans l'été : il serait bien à désirer que l'on fît les mêmes défenses, pour pouvoir fournir du cochon à chaque famille : on le prodigue mal-à-propos ; on en débite tout le courant de l'année pour satisfaire la passion des riches, et il en manque aux plus petits ménages.

de cochon ; on ne saurait croire combien ce moyen simple rehausse le goût du bouilli et du rôti ; qu'on en fasse l'épreuve , et l'on reconnaîtra que là où l'on n'aura point mis de cochon , les viandes ne seront ni appétissantes , ni trop recherchées. Maintenant il faut appliquer ce procédé du cochon aux pommes de terre.

J'ai fait faire simplement ce que les cuisiniers appellent *abaisse* , qui est une couche de pâte étendue pour former le dessous d'une pièce de pâtisserie ; et sur cette couche , j'ai fait mettre des gaudiveaux ou saucisses : en cuisant , leur graisse s'étant incorporée dans la couche , a fait des pommes de terre un second mets excellent.

Pour m'assurer davantage du bon effet du cochon , j'ai simplement mis sur une abaisse ou couche de pommes de terre , des tranches de lard ; et ayant été grillées , elles ont perdu la

majeure partie de cette grande graisse
qui répugne quand on mange le lard ;
mais celles-ci se sont trouvées excellentes. On sent que cette graisse n'a
pas été perdue pour augmenter la
bonté des pommes de terre.

J'ai donc bien lieu de croire que
tous les cuisiniers et cuisinières sauront tirer parti de leur savoir en imitant ce simple procédé, par exemple,
en faisant griller la double sur une couche de pommes de terre ; et l'on sait
qu'il faut arroser cette double avec
beaucoup d'huile, et l'assaisonner de
poivre et de sel ; donc, qu'il est inutile
de fournir aucun assaisonnement à la
pulpe des pommes de terre, comme
on est obligé de le faire à la pâte des
tourtes et pâtés.

Je crois que les ménagères sauront
bien tirer parti de ce moyen si expé-
ditif et si profitable : je les invite donc
à supprimer de leur cuisine, leur gril

de fer, et de ne pas laisser tranquille
leur mari ou leur maître que lorsqu'il
leur aura fait bâtir un foyer tel que
le mien : car mon épouse ne se sert
plus de gril. Veut-elle faire griller des
harengs ou des côtelettes de mouton,
de veau, et faire généralement toute
autre grillade ? elle prend sa tourtière
de tôle, qui est absolument ressem-
blante à un plat, y étend l'abaisse
dont j'ai parlé, qui est une couche de
pulpe de pommes de terre, et place
sur cette couche ce qu'elle veut faire
griller, ensuite l'introduit dans son
foyer ; elle retire de temps en temps
cette tourtière, pour renverser ou
retourner le mets qu'elle veut faire
cuire et griller, et chaque fois elle
l'arrose avec de l'huile ou de la graisse,
ce qui rend encore meilleures les pommes de terre, comme l'on s'en doute
bien.

Je crois avoir assez recommandé

l'emploi des pommes de terre pour
toutes les tourtes que l'on peut faire,
ainsi que pour les timbales que l'on
emploie dans les grosses cuisines : il
me reste donc à parler des pâtés.
Les pâtés se mangent ordinairement
froids, et la pâtisserie des pommes
de terre, est bonne mangée également
froide. J'ai fait acheter un lièvre, et
nous l'avons accommodé ainsi qu'il suit.
Nous avons choisi les meilleures pommes de terre ; et, il faut le dire, il y
a un choix à faire à cet hortolage ;
les unes valent cent fois plus que
d'autres : cette différence ne provient
que de la négligence que l'on a de les
bien cultiver. Il est vrai que la qualité
du terrein, lorsqu'elle est bonne,
contribue beaucoup à leur perfection.
L'on doit donc, quand on veut faire
de la pâtisserie avec des pommes de
terre, avoir la scrupuleuse attention
d'employer les plus saines, et celles

d'une moyenne grosseur : tant il est vrai que le milieu, en touté chose, a toujours été ce qu'il y a de mieux : ni trop, ni trop peu. Ainsi les plus grosses, comme les plus petites pommes de terre, ne sont pas celles qui conviennent à la pâtisserie. Les moyennes que nous avons donc employées, avaient la pulpe ferme, et cependant se prêtaient sous le rouleau.

Ayant pris de cette pulpe, nous y avons étendu, sur une couche, le lièvre qui avait été cuit à moitié, nous l'avons couvert avec une pareille couche ou abaisse de pommes de terre, et nous l'avons introduit dans notre foyer : une demi-heure après, et lorsque la croûte a été ferme, nous avons retiré ce pâté, et y avons fait couler le sang du lièvre qui avait été chauffé avec une liaison, et à l'instant nous l'avons remis dans

le foyer, où le tout a fini de se cuire
à notre grande satisfaction.

La forme de ce pâté était oblon-
gue, ayant seize pouces d'étendue,
et seulement six pouces de large :
pour sa hauteur, elle avait trois pouces ; la croûte de dessus, et celle de
dessous ressemblait parfaitement aux
croûtes que les pâtissiers font avec
la farine, et l'on peut également
couper en travers ces nouveaux pâtés,
et en faire des tranches fort minces,
attendu que chaque tranche est d'une
seule pièce, la croûte et la viande
se tenant ensemble.

Cette croûte faite simplement avec
les pommes de terre sans beurre,
sans lait et sans œufs, était cependant très-bonne, et avait pris, comme
je l'ai dit ci-devant, le goût du lièvre.
Il serait bien à souhaiter que les pâtissiers de la France embrassassent
ce nouveau métier; ils réussiraient à

n'en pas douter , parce qu'il leur serait facile de faire mieux que nous des pâtés de pommes de terre : notre population considérable y gagnerait , attendu que les pâtissiers useraient beaucoup moins de farine.

Nous ne nous en sommes pas tenus à cette première expérience , nous en avons fait une seconde , en faisant une tourte encore avec du lièvre ; mais cette fois nous y avons ajouté du veau : cette tourte était circulaire ou ronde , et avait neuf pouces de diamètre , et près de quatre pouces de hauteur. Nous avons mangé cette tourte chaude , nous aurions pu la garder et la manger froide comme le pâté de lièvre. L'on voit donc que rien n'empêche aux pâtissiers de faire cette entreprise , puisque ces nouveaux mets pouvant se garder plus de quinze jours sans se gâter , peu-

vent se vendre dans leur boutique
au plus petit détail.

Le rable du lièvre nous restait :
j'en ai profité pour faire une expérience que je méditais depuis long-
temps.

Il n'est pas encore bien décidé si
un rôti cuit à la broche est meilleur
qu'un autre cuit dans le four : pour
m'en assurer, voici ce que j'ai fais.

J'ai pris ma tourtière, j'y ai fait
poser une bonne couche de pommes
de terre de l'épaisseur d'un pouce
au moins, j'y ai fait mettre dessus le
rable du lièvre lardé, et j'ai fait fondre d'avance du beurre : mon épouse
a retiré de temps en temps la tourtière de son foyer pour arroser, avec
le beurre chaud, ce rôti tout de même
qu'on le fait quand il est à la broche :
j'ai fait goûter de ce rôti, et l'on
ne voulait pas croire, à son fumet,
qu'il avait été cuit dans mon foyer :

à

à l'égard des pommes de terre , elles se sont trouvées plissées pardessus et tachées en plusieurs parties de noir ; c'est l'arrosement et le suc du lièvre qui avaient produit ces effets. Mais ce qui nous a beaucoup satisfaits , est la bonification de pommes de terre auxquelles nous n'avions mis aucun assaissonnement, pas même du poivre , seulement un peu de sel.

Cette expérience sur les rôtis doit encourager , pour glisser sous toutes les viandes que l'on voudra faire cuire , de la pulpe de pommes de terre : les bonnes ménagères alors pourront se flatter de faire deux plats pour un ; l'un d'un excellent rôti , l'autre d'un entremets ragoûtant , fait sans aucun apprêt avec les pommes de terre.

Je dois encore faire remarquer que lorsqu'on n'aura pas toutes mangé

D

au premier repas ces pommes de
terre, une adroite cuisinière saura le
lendemain en faire encore un bon
plat, en les mettant dans un ragoût
avec d'autres viandes. Je ne finirais
pas si je rappelais tous les procédés,
comme celui de couper par morceaux
ces pommes de terre imbues de la
graisse des rôtis, et de les jeter dans
la soupe, quelle soit faite aux poireaux, aux carottes, ou aux choux.

Appliquons maintenant ce nouveau
genre de nourriture à tous les habitans de la campagne. La plus grande
partie possédant des fours à cuire le
pain, auront la facilité de faire,
quand il leur plaira, des tourtes,
des gâteaux, des pâtés sans farine,
et par le seul moyen de la pomme
de terre. En effet, les cultivateurs
ne possèdent-ils pas, non-seulement
le four, mais encore le bois ainsi
que les pommes de terre ? il ne tient

qu'à eux de nourrir avec cette denrée leur famille une bonne partie de
l'année : c'est bien alors qu'ils évi-
teraient l'inconvénient avec la dépense d'aller très-souvent au moulin,
puisqu'ils peuvent faire tout chez
eux : les gâteaux seuls qu'ils peuvent
multiplier à l'infini, sont capables de
satisfaire leurs enfans, et de les nourrir presque entièrement.

Je n'invite pas seulement les cultivateurs à faire un grand usage des
pommes de terre, mais encore tous
les artisans des communes, et je
voudrais que dans les places et aux
coins des rues, il y eût des mar-
chands qui vendissent publiquement
toutes sortes de pâtisseries faites avec
les pommes de terre.

Il semble que les hommes n'ont,
dans toutes les productions de la nature, que deux principales récoltes à
faire : une pour le blé, l'autre pour

le vin. Je leur en connais cependant une troisième que je sais leur être aussi essentielle : c'est la récolte des pommes de terre.

Je place donc au premier rang, la moisson ; au second, les vendanges ; et immédiatement après, le tirage ou la cueillette des pommes de terre.

L'on sait la peine que l'on prend avec tant de plaisir pour préparer l'aire à battre le blé, pour le nettoyer et le porter au grenier, l'on connaît également les ris, la joie et les divertissemens que l'on prend également pour tirer le vin, presser la vendange, et emplir ses tonneaux. Eh bien ! l'on peut se procurer les mêmes fêtes avec les mêmes jouissances, en manipulant les pommes de terre.

Je voudrais bien que tous ceux qui lisent ce petit ouvrage, pussent voir par leurs propres yeux ma famille, lorsqu'elle est en travail. Qu'on s'imagine cinq jeunes filles, les manches retroussées, en corset, les cheveux noués, et étant autour de la presse, des claies ou étendages, et au milieu de divers nouveaux ustenciles ; les unes font cuire les pommes de terre dans mon foyer économique, les autres agitent la presse, pendant que d'autres jeunes personnes comme elles qu'elles ont prises pour-leur aider, se donnent mutuellement les bateaux de vermicelle, les placent, les retirent de dessus les étendages, et l'enferment dans des boîtes ou des sacs.

Je ne vois point de différence entre la joie que l'on a lors des moissons et des vendanges, et la satisfaction dont on jouit en fabriquant les pommes de terre. Si les moissonneuses chantent et s'amu-

sent en bien travaillant, mes enfans
en font de même en bien s'occu-
pant : mais le genre de leur travail
ressemble plutôt à celui des vigne-
rons ; tout comme eux, des filles font
crier le pressoir ; tout comme eux
elles sont contentes ; tout comme eux
enfin, en agissant elles se portent
bien. Il est bien heureux pour moi
d'avoir trouvé au sexe ce nouveau
métier : il fortifiera les membres des
jeunes filles, il les rendra robustes,
et augmentera leur santé.

Que les peuples de toutes les na-
tions veuillent bien se persuader du
bonheur qu'ils ont aujourd'hui par
la possession des pommes de terre :
il ne tient qu'à eux de les multiplier à l'infini pour ne plus craindre
le fléau de la famine. Je viens de
leur donner quelques moyens de préparer cette denrée, de la fabriquer
et de l'apprêter de plusieurs manières.

Sans doute j'étendrais davantage cet enseignement, si je n'étais pas réduit au second étage d'une maison, et si je possédais le terrein pour mon école d'architecture rurale, que mon département et district m'ont accordé. Ah ! certainement, je ferais mieux encore le bien public, si l'on acquiesçait au désir du département et du district de Rhône, auquel j'ai offert de faire à mes frais, et pour le bien de la patrie, toutes les expériences nécessaires pour garantir les Français du fléau des incendies ; et je profiterais en même temps de ce terrein pour faire construire de nouveaux foyers, étuves, outils et ustenciles, dans le but de multiplier les fabriques des pommes de terre, qui intéressent si fort le Gouvernement.

Premières idées sur l'art de faire le feu dans nos maisons, et d'empêcher à la fumée de se répandre dans nos appartemens.

En faisant le feu au pied d'un mur, on ne peut se chauffer qu'en face. Cet inconvénient serait supportable par le plaisir qu'on a de voir le feu, de s'amuser à le bâtir et rebâtir le long de la journée, ce qui est une espèce de consolation aux infirmes et aux vieillards assujettis à séjourner, comme l'on dit, au coin du feu ; mais quand on gèle par derrière, malgré les paravents & toutes les autres précautions, la peine surpasse le plaisir, sur-tout lorsque la cheminée fume, et c'est ce qui arrive à toutes les maisons par la singulière construction des cheminées.

Sans m'étendre davantage et venant au fait, je dis un jour au malheureux

Lavoisier, fameux chimiste: *Vous avez découvert, sans le savoir, l'art de sortir la fumée de nos appartemens*. En effet, on lit dans son ouvrage sur la chimie, que le meilleur tuyau pour donner le plus grand coup de feu aux fourneaux à fondre les matières, est celui qui est le *moins conducteur de chaleur possible*. Cette remarque me frappa, et j'ai reconnu là le vice dans la mauvaise construction des tuyaux de cheminée.

Je sais qu'à Lyon on construit mal les cheminées, particulièrement leurs *gaînes*; c'est ainsi qu'on y appelle les tuyaux de cheminée, tuyaux que l'on réunit les uns à côté des autres, ce qu'on nomme *dévoyer*. J'ai vu à Paris que l'on y construit encore plus mal les cheminées, en couchant les tuyaux, et les faisant tellement serpenter qu'ils occupent presque toute la surface des murs mitoyens ou de refends, ce qu'on nomme aussi dévoyer. Ainſi, à Lyon, on dévoie les tuyaux bien perpendiculairement, et à Paris très-obliquement. Je suis encore convaincu que dans toute la France on bâtit à-peu-près de même les cheminées, sans savoir se rendre raison de ce que l'on fait.

Le tuyau d'une cheminée est sans doute le meilleur moyen pour servir de conduit à la fumée : s'ensuit-il de là, qu'il faille l'ouverture de ce tuyau aussi large, depuis le foyer jusqu'au dessus du toit ? est-il nécessaire de faire monter les petits ramonneurs dans l'intérieur de ce tuyau, comme on en a pris la cruelle habitude à Paris, tandis qu'à Lyon on ramonne très-bien les cheminées avec une corde au milieu de laquelle on attache un petit fagot qu'un ramonneur sur le toit tire à lui, et à son tour un autre ramonneur dans l'appartement retire la corde, jusqu'à ce qu'enfin toute la suie ait parfaitement tombé ?

Mais ce n'est pas à ces seules erreurs que j'applique ce principe établi par Lavoisier ; c'est au genre des matériaux et à leur emploi que je reconnais un défaut notable qui fait tant fumer nos appartemens.

D'abord, les maçons ont pris l'habitude de construire tous les tuyaux de cheminée avec des briques ; mais ces briques ne peuvent être solides et se lier qu'avec un mordant, tel que le mortier de chaux ou le plâtre. Si un maçon emploie le mortier, il en met autant d'épaisseur que la brique en porte. Comment veut-on, malgré les enduits que l'on pose après la confection des tuyaux, que cet ouvrage ne procure pas tôt ou tard des fentes ou lézardes ? et positivement c'est ce qu'il faut éviter pour pouvoir empêcher la fumée. Quoique le plâtre soit plus tenace que le mortier, il n'en résulte pas moins des corruptions aux tuyaux de cheminée : j'ai vu à Paris, où le

plâtre est si abondant , que l'on y
construit tout avec cet agent si facile
à employer ; j'ai vu, dis-je, à Paris,
que les cheminées y fument également.
J'apperçus une fois avec surprise que
la fumée s'échappait par la fente d'un
tuyau dans le grenier ; et depuis , j'ai
remarqué que le tassement d'une maison nouvellement construite occa-
sionne toujours des lézardes aux
tuyaux de cheminée : hé bien , c'est
par là que l'air extérieur s'introduit dans
le tuyau sans qu'on puisse s'en apperce-
voir , même y porter remède , attendu
que les fentes ou lézardes se trouvent
souvent dans l'épaisseur des planchers
des différens étages d'une maison ,
quelquefois derrière des boisages , des
tapisseries, ou dans des armoires ou
placards , ou par la fente d'un vieux
mur , ou enfin dans le grenier , et quelquefois sous le toit, ou même hors du
toit.

La suite au cahier suivant.

www.ingramcontent.com/pod-product-compliance
Lightning Source LLC
Chambersburg PA
CBHW070815210326
41520CB00011B/1959